动物一家亲

One Big Happy Family

Heartwarming Stories of Animals Caring for One Another

[美] 莉萨·罗格克 ◎ 著　　柳萍 ◎ 译

清华大学出版社
北 京

图书在版编目（CIP）数据

动物一家亲 / (美) 莉萨·罗格克 (Lisa Rogak) 著; 柳萍译. — 北京 : 清华大学出版社, 2019
书名原文: One Big Happy Family: Heartwarming Stories of Animals Caring for One Another
ISBN 978-7-302-52847-0

Ⅰ. ①动…　Ⅱ. ①莉… ②柳…　Ⅲ. ①动物 – 通俗读物　Ⅳ. ①Q95-49

中国版本图书馆CIP数据核字（2019）第082376号

责任编辑：肖　路　王　华
封面设计：何凤霞
责任校对：赵丽敏
责任印制：丛怀宇

出版发行：清华大学出版社
网　　址：http://www.tup.com.cn，http://www.wqbook.com
地　　址：北京清华大学学研大厦 A 座　　邮　　编：100084
社 总 机：010-62770175　　邮　　购：010-62786544
投稿与读者服务：010-62776969, c-service@tup.tsinghua.edu.cn
质量反馈：010-62772015, zhiliang@tup.tsinghua.edu.cn
印 装 者：小森印刷（北京）有限公司
经　　销：全国新华书店
开　　本：185mm × 200mm　　印　张：6.9　　字　　数：113 千字
版　　次：2019 年 7 月第 1 版　　印　　次：2019 年 7 月第 1 次印刷
定　　价：49.00 元

产品编号：081086-01

引 言

科科是一只雌性大猩猩，它在加利福尼亚伍德赛德的大猩猩基金会用手语和照顾它的人进行交流。除了知道大约 1000 个美国手语词汇外，它还能听懂 2000 多个英语单词。1984 年，科科争取到一只小猫的抚养权。当科科像对待自己的孩子一样温柔地对待这只小猫时，它的人类伙伴们都敬畏地看着它。当这只小猫被一辆车撞死时，科科为小家伙过早的离去悲痛不已，它用手势表示“糟糕，悲伤，糟糕”和“皱眉，哭泣，皱眉，悲伤”。

几乎每个人都听说过大猩猩科科和它的小猫的故事，除此之外还有无数其他温暖人心的故事。这些故事不仅是动物所能做到的最好的例子，也是人类努力给予关怀和同情的最好的例子。这些罕见而感人的关系毫无疑问地证明，这种爱与养育的本能是真实存在的，在某些特殊情况下，这种本能甚至超越了物种的界限。

事实上，每个人都能认同科科所经历和表达的感受，而且许多其他动物也有和科科类似的经历和感受。谈到跨物种养育中那些令人难以置信的动物关系，科科的故事只是冰山一角。每周新闻和网络上似乎都会有一个新的故事，而且往往会迅速得到传播。

约翰·C. 怀特博士是《不可无礼：为快乐、行为良好的宠物及其主人的开创性计划》一书的作者，也是默瑟大学获得认证的应用动物行为学家和心理学教授。他曾说："照顾另一种动物的本能可以与激素，或者仅仅与年龄有关。如果它们年轻，它们的行为是可塑的，它们对任何经历、机会或同伴都是开放的。和人类一样，动物在很大程度上也渴望有伴。"

对于其他动物，尤其是鸟类，养育后代的欲望是特别强烈的。而同时，刚孵出的鸟受到基因控制，在睁开眼睛时，能立即与它看到的第一件东西产生联系，不管这件东西是动物、蔬菜还是矿物。

20 世纪初，奥地利著名的博物学家康拉德·洛伦茨对鹅、火鸡和鸭子身上的印刻现象进行了研究并做了标记。根据洛伦茨的说法，这些鸟类在孵化出来的最初几个关键小时和几天内，会把看到的第一个大型移动物体当作父母的形象。虽然可以发现将猫、狗和其他物种的鸟认作父母的替身，但洛伦茨也发现，刚孵出的鸟也会附着在靴子、球上，在某种情况下，甚至可以附着在电动火车上。

英国鸟类学信托基金会的格雷厄姆·阿普尔顿说："如果你把一个鸡蛋放在一只鸟的身体下面，如果它的本能足够强大，它就会把小鸡孵出来。""对小鸡来说，在那个时候任何在那里的东西都会变成妈妈，它会发出所有正确的声音，试图得到食物。"喂养新生儿是父母的本能。

“小雏鹅的本能是跟着父母四处转来转去，模仿父母的一举一动，”他接着说，并描述一只孔雀收养小雏鹅的情景。“这确实是一种奇怪的情况，这可能会让小鹅有点困惑。小鹅会有自己的一些本能，如果它能学会游泳，那将是很有趣的，而这是孔雀做不到的。”

根据世界各地野生动物保护区和其他康复中心的动物学家和工作人员的真实经验，跨物种养育案例在圈养动物或其他濒危动物中比在野生环境中更常见。以圈养的猩猩和其他灵长类动物为例（旨在拯救这些濒危物种并向公众提供教育样本），这些动物的生活条件与它们所习惯的自然栖息地有着天壤之别。因此，很自然地，它们的养育方式和能力也会有所不同。

已故的英国莱斯特郡特怀克罗斯动物园的创建者之一，莫莉·巴德汉姆说：“尽管我们尽力为猩猩提供最好的栖息地，但还是无法重现它们在野外生活时的环境。”“在它们的自然环境中，雄性独居，只有为了交配时才接触雌性，而带着幼崽的雌性猩猩经常与其他带着幼崽的雌性猩猩一起活动，形成一种育儿氛围。”在这样的环境中，新妈妈们可以向经验丰富的妈妈学习，并知道自己的期望是什么。相比之下，在人工饲养的环境中，雄性和雌性通常生活在一起，这使得它们的生育频率变为每年一次。

因此，很重要的一点是，这些动物的人类饲养员要谨慎地观察，并知道什么时候该介入并给它们提供帮助，以使它们适应这些变化。

令人高兴的是，实际上还有大量的其他动物渴望介入，去扮演保姆、教师的角色，或者只是在人类需要帮助的时候出点力。例如莫莉·巴德汉姆，她更喜欢狗，尤其是大丹犬，她让大丹犬充当黑猩猩、红猩猩、猴子和其他灵长类动物的代理父母，而这些动物经常遭到亲生母亲的排斥。巴德汉姆说：“我们在大丹犬中找到了愿意收养它们的代理父母，大丹犬对所有入侵自己领土的动物孤儿都非常宽容。”她说：“也许是因为所有的狗都获救了，这种背景可能会让它们对其他需要帮助的动物产生一种亲近感。”

实际上，不仅仅只有狗被证明擅长照顾动物孤儿。在本书中，你会发现一些令人难以置信的组合，从孔雀孵蛋和照顾雏鹅到猪帮忙喂养小猫。到目前为止，大多数故事都讲述一只雄性或雌性狗作为代理父母和养父母。有人可能想知道为什么是这样，也许是因为狗是最常见的家养宠物。真相其实平淡无奇：经过培育和几千年的训练，狗成为人类最好的朋友，特定品种的狗还能执行各种任务。

“狗的基因已经被人类改变了，变得非常善于交际和非常愿意承担责任。”斯坦利·科伦博士说。他是加拿大英属哥伦比亚大学心理学教授，撰写了多本关于狗的书籍，包括《狗的智慧：人类狗同伴的思想、情感和内心生活指南》。“一般来说，这个问题就是我们所说的‘幼态持续’，即某些幼年时期的特征保留并延长到成年时期的现象。可以考虑一个简单的事实，就是我们养了狗，狗长大了还保留了幼时的习惯。”

有趣的是，科伦指出，那些具有更像小狗身体特征的犬类品种，更有可能成为其他动物物种的代理父母，包括朝下的大耳朵和大大的眼睛——而不太像狼，眼睛狭窄，耳朵指向天空。

科伦说：“当缺少‘幼态持续’特性的狗充当代理父母时，能和它们产生羁绊的往往都是极幼龄的幼崽。”“部分原因是很小的哺乳动物有一种特殊的‘婴儿气味’信息素。”“这些信息素的用途之一是，在它们自己的物种中，激发保护本能，或者至少是无害本能。然而，由于所有哺乳动物之间的相似性，我们倾向于认为其他种动物也会对此作出反应。”

通过本书，你会了解到，一些动物亲子关系会持续它们的一生，比如猪和小猫；虽然有些相处的时间远没有那么长，就像母狮和小羚羊故事中描述的那样。

当然，由于大多数动物的寿命比我们短得多，它们的童年有时可以用周或月来衡量，而不是用年。更为常见的是成年动物尽一切努力把幼小动物从死亡的边缘挽救回来，进行一段时间的养育，以确保小动物能依靠自己的力量生存，然后独立，过大自然安排的生活。在许多情况下，养育的目的是帮助小动物回归自然。

最重要的是要意识到，在很多情况下，本书故事中的动物与类型不符：它们的养育本能与它们的天敌本能相违背，天敌本能通常会导致伤害，甚至死亡，实际上它们的母性或父性诱惑更强烈一些。

书中每个故事中都有个认真的小动物代理父亲或代理母亲，它们的行为或许会给我们带来如何为父母、如何为人的更多思考。

目　录

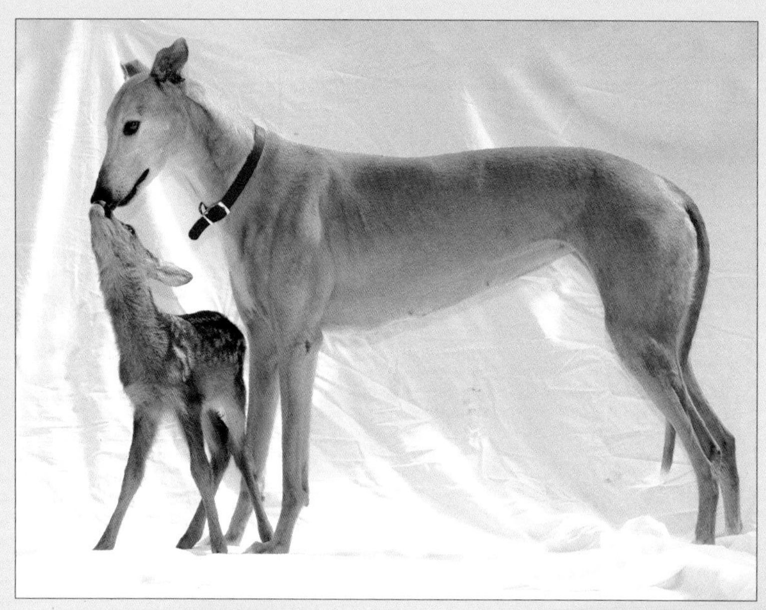

格力犬和小鹿、狐狸、兔子，还有……

对于一些动物来说，它们的母性本能和父性本能并不仅仅表现于帮助喂养另一种动物。有些动物非常乐于帮助其他动物，而且也确实非常适合这种工作，实际上它们一直在做。

2003 年，英国某地警方发现一只小格力犬被锁在花园的棚屋里。很明显，它在那里待了好几天，因为它的身体状况相当糟糕：有迹象表明，在被遗弃之前，它曾遭受虐待，营养不良，满身污垢。警方联系了杰夫•格列考克，他两年前在英国创建了努埃顿和沃里克郡野生动物保护区，他收养了这只格力犬，带着它和其他被遗弃和虐待的动物们一起生活。

小知识：由于身体结构独特，格力犬的腿太长，肌肉太发达，使它们无法坐下。

起初，他的目标是让这只叫作茉莉的狗恢复健康，帮助它恢复对人类的信任，然后为它找到一个新的主人，但后来发生了一些不寻常的温暖人心的事情。茉莉一恢复健康，就会陪着格列考克在保护区转悠，每当有新动物来到保护区，它就会表现出极大的兴趣，尤其是对很小的动物。实际上，照顾这些孩子成了茉莉的工作，多年来，它成为狐狸和獾幼崽，小鸡、豚鼠、兔子等各种动物的代理妈妈。

一只来到保护区的小鹿的故事，非常典型地反映了茉莉的哺育本能。邻居发现这只小鹿在离保护区不远的田野里游荡。它表现得神志不清，它的母亲可能被杀了。小鹿被带到保护区，格列考克给小鹿取名为黑莓。受到惊吓的黑莓刚一到保护区，茉莉就来迎接它，并迅速承担起照顾它的责任。

"它们不再分开，"格列考克说。"它们一起漫步在保护区的树丛中，不停地亲吻对方。这真是不可思议，看到它们在一起真是一种享受。"

他补充说，茉莉用同样的方式对待每一只小动物，无论它们是什么品种，都充满了爱和情感。格列考克说,他对茉莉与进入保护区的兔子互动尤其感到惊讶，因为人们养格力犬通常是用来追逐兔子的。鸟儿栖息在它的鼻子上时，它甚至静静地坐着。他说:"这太神奇了，它可是格力犬哎，这个品种的狗通常很好斗，因此常被用于比赛。""茉莉对动物宠爱有加，就好像它们是它自己的孩子一样，这真令人难以置信。"

很明显，茉莉在很多方面帮助了新来的小动物们：它让它们感到更舒服，缓解了它们在遭受虐待和（或）遗弃后的紧张情绪，也帮助它们逐渐适应了保护区的新家。茉莉负责照顾的动物，在相识没多久后，就会亲近、拥抱、信任茉莉，进而也信任了格列考克以及保护区的其他人。

令人伤心的是，茉莉于 2011 年去世，但它充满母爱的故事在继续流传。

母鸡和小鸭们

我们常时不时地感到困惑。比如，当我们原打算点无糖可乐的时候，最终却会要一份巧克力奶昔。偶尔，动物们也这样，会有有趣的事情发生。

希尔达是英国多塞特郡普尔附近的一个农场里的母鸡。2012 年春天，当它开始坐在一个 5 只蛋的窝里时，它的主人菲利普·帕尔默满心期待着，一个月后会有一群毛茸茸的黄色小鸡孵化出来。帕尔默希望在他的"农夫帕尔默"农场，这群小鸡会和孩子们一道玩耍，他知道孩子们是多么喜欢看着小鸡吱吱叫着跑来跑去。

但是当蛋终于孵出来时，帕尔默和母鸡希尔达都大吃一惊。

孵化出来的是印度跑鸭，而不是小鸡。在这个农场，鸡和鸭住在同一个栏舍，看来希尔达只是坐错了窝。虽然帕尔默会定期检查栏舍，但是由于希尔达很少离开坐窝的地方，所以帕尔默不知道希尔达坐在了鸭蛋上，鸭蛋比鸡蛋明显大得多。

事实证明，对于意外收养了印度跑鸭的希尔达，这并不是个事儿。小鸭子们一睁开眼睛，就看见了希尔达，多亏了鸟类的印刻现象（在对动物行为进行研究时发现：刚获得生命不久的小动物追逐它们最初看到的能活动的生物，并对其产生依恋之情），它们自然而然地把希尔达当成了真正的妈妈，母鸡也把它们当成了自己的孩子。

"希尔达似乎一点也不介意，"帕尔默说，"小鸭们跟在它后面，就像小鸡一样。这是如此令人惊讶又可爱的情景，它已经证明自己非常有能力抚养它们。小鸭子们并没有意识到它们的妈妈是只母鸡，而希尔达也完全没有意识到它的身后是一群摇摇摆摆的鸭子。"

在一段时间里，5 只小鸭紧紧地跟在母鸡身后，成为了"农夫帕尔默"农场的一道风景。"小鸭们不会离开希尔达的身边，如果它们害怕的话，它们会跑到'妈妈'的身下寻求掩护"，帕尔默补充道。

小知识：小鸭出生时的绒毛是不防水的；当它们发育成熟时，尾巴根部的油腺体分泌油脂，使羽毛润滑和防湿。

猫和松鼠

这一天像往常一样开始。丽贝卡•希尔带着3个孩子去英国西苏塞克斯上学。他们遇到了一只松鼠，这在树林中并不罕见。

不寻常的是，这只松鼠看起来只有几天大，而且很明显已经很久没吃东西了。换句话说，小松鼠看起来随时都有可能死去。

丽贝卡和她的家人都是热心的动物爱好者，他们已经养了两只猫，分别叫甜甜和香香。于是，在把孩子送到学校后，丽贝卡抱起松鼠，把它带回家，并试图用奶瓶喂它。可是，这可怜的小家伙根本就不会用奶瓶吃奶。

这时，丽贝卡的丈夫马丁想出了一个主意：几周前，甜甜和香香分别生了5只小猫——总共10只，如果把松鼠藏在小猫中间，正在哺乳的妈妈们应该不会发现有什么问题。毕竟，猫妈妈们已经习惯于小猫在它们之间来回游荡，分享奶水了。把松鼠放在小猫中间不过是多喂一张嘴，即使它属于不同的物种。

他们决定试着救救松鼠宝宝。为了推进这个计划，马丁想出了一个新颖的解决办法：他决定在松鼠宝宝身上洒些丽贝卡的香水——比如香奈儿5号香水，这样猫妈妈就不会下意识地把松鼠当作是对它和宝宝们的威胁，而是把松鼠看成家里熟悉环境的一部分。他认为过一段时间之后，猫的母性本能就会起作用，促使两只母猫把松鼠当成另一只小猫。

这是值得一试的，况且这只现在被孩子们称为“栗子”的松鼠的情况也在进一步恶化。马丁带它去看了兽医，兽医说可以一试。“这有点像赌博，我给它喷了香水，是为了掩盖它身上的气味。”“香奈儿 5 号是我妻子最喜欢的品牌，猫咪们似乎也很喜欢。”

在给松鼠喷了香水之后，他们把“栗子”放在小猫中间，观察着，等待着。“我担心它们会对松鼠有敌对行为，但我观察了几个小时，栗宝一直在开心地吃着奶。”马丁说。几天之内，甜甜和香香都在给栗子喂奶，给它梳理毛发，好像它是小猫中的一个。

小知识：松鼠出生时身上没有毛和牙齿，在它们长到 2 个月大的时候，皮毛和牙齿才会长好。根据松鼠种类的不同，它们在 10~18 个月大的时候就成年了。

全家人开始在松鼠的食谱中加入一些水果、坚果和爆米花，栗子继续茁壮成长着。“我肯定栗宝认为自己是只猫，猫也这么认为，”马丁补充说，“它和其他小猫嬉戏打闹，只在寻找其他食物时离开篮子。它仍然有觅食的本能。我发现两只母猫在被抱走后又回来了，也许因为它们知道被遗弃是什么感觉，希望能继续照顾栗宝吧。”

拳师犬和山羊宝宝

2008 年 2 月，在英国德文郡巴克法斯特利的潘尼维尔农场野生动物中心，伊丽莎白·托泽在查看羊圈时发现，她的一只母山羊刚刚生了三个孩子。母山羊照顾两个宝宝已经忙不过来了。为了确保最健康的宝宝能活下来，妈妈们通常会忽略瘦小的那个，在大多数情况下，瘦小的那个会死去。

托泽立刻忙着打扫卫生，用奶瓶喂这个没有母亲照顾的最瘦小的山羊，给它起名叫莉莉。她准备自己来扮演小山羊母亲的角色。然而托泽吃惊地发现，她的雄性拳师犬比利在莉莉出生几个小时后就承担了抚养责任。托泽说，事实上，比利在发现莉莉的那一瞬间就展现了做父亲的本能。比利把托泽从莉莉身边赶开，坚持要亲自清洁和梳理它。第一次做完后，比利就再没有让莉莉离开自己的视线。

托泽说："莉莉跟在比利身边，看着真的很有趣。比利和莉莉睡在一起，在莉莉吃完东西后会清洁它的嘴巴。"托泽说，这有趣的场景吸引了大量好奇的游客来到潘尼维尔农场。

小知识：当一只母山羊生下不同性别的双胞胎时，雄性小山羊几乎总是先出生的那个。

斯伯林格斯班尼犬和小羊羔

在广阔的牧场上，狗扮演着重要的角色。它们可以帮忙放牧其他动物，可以吓跑捕食者，它可以作为忠诚的伙伴，在一天辛苦的工作结束后躺在人们身边，偶尔也会躺在其他动物旁边，享受一天辛苦工作带来的满足感。

很少有牧场主会指望狗能帮忙喂养牧场里的其他动物。而在英国德文郡的一个不到一平方公里的牧场里，一只名叫杰西的斯伯林格斯班尼犬就这样做了。

杰西帮忙喂养农场的孤儿羊羔，它用嘴衔着奶瓶，让小羊羔们吸吮。她的主人路易丝•穆尔豪斯在农场里养了大约 270 只稀有品种的羊，包括有角多塞特羊。她说她还真的离不开这只 10 岁的狗的帮助。“有杰西在就像多了一双手。”她说。

杰西总是扮演着孤儿羊羔替身妈妈的角色。穆尔豪斯说：“杰西从很小的时候就开始这样做了。”她说，每次看到杰西叼着奶瓶飞奔过田野，追赶一只饥饿的小羊羔时，她仍然会开怀大笑。“我教它把奶瓶含在嘴里，其余都是它自己做的。”

杰西还掌握了其他技能，包括提水桶或背谷物，甚至在牧场给穆尔豪斯送工具。杰西已成为对人和羊群有价值、受欢迎的狗，它甚至帮助训练新员工——一只名叫莉莉的可卡犬，教莉莉漫步在牧场，帮助喂养更多孤儿羊羔和被遗弃的羊。

小知识：斯伯林格斯班尼犬一年到头都在换毛，所以它们的主人应该比对待其他犬种更有规律地为它们梳理毛发。

卡尔比犬和小鸡

当玛丽·劳西克 7 岁大的纯种卡尔比犬默里每天从他们在澳大利亚达尔文的家中出门几个小时时，她从来没有担心过。默里总会在一天结束的时候回来。

但是有一天，默里没有回家，玛丽开车在附近到处找它。玛丽想象着各种可能发生的情况，并一直坚持寻找。几个小时里她一直在喊它的名字，然后回家，希望它已经回来了。在离家不到 1.6 公里的地方，玛丽终于发现了她的狗，而这只狗正在做的事情，让她感到非常意外。

她心爱的狗正坐在邻居家的院子里和一群小鸡玩耍。

她把默里叫进车里，

哄了它一会儿，它爬上前座，和她一起回家了。第二天，默里又出门了，这一次她知道先去哪里找它。她承认："第二天又发生了同样的事，第三天也是，这让我感到有点尴尬。""那时候我知道只有一种办法能让它待在家里：我必须给它买小鸡。"

后来，玛丽给她的狗买了两只黑色的小鸡，因为它们正好和它的毛色相配。就这样，默里离家出走的日子结束了。

实际上，这只狗对小鸡太依恋了，它只偶尔离开小鸡一会儿到外面去解闷。现在，只要家里有几只小鸡，玛丽从来不会去猜测她的狗在哪里。

"当我在工作的时候，我把小鸡放在家里的一个小盒子里，默里整天坐在盒子旁边盯着它们看。"她说，"当我回家的时候，我们把小鸡放出来，默里就和它们在草坪上玩耍。小鸡在它身上爬来爬去，从它头上滑下来，默里嘴里叼着它们，它们永远不会离开它的视线。它是小鸡们的好爸爸，它睡在小鸡们旁边，只要有一点点声音，就会去查看。它甚至放弃了所有的狗狗习惯，比如取东西和玩球，只是为了坐在小鸡们旁边。"

"默里爱上了它的小鸡宝宝。"

小知识：母鸡喜欢在至少有一两个蛋的巢里下蛋；两只鸡同时在一个窝里孵蛋是很正常的。

金毛寻回犬和小兔

在 2011 年春的一天，旧金山居民蒂娜·凯斯终于同意让她的女儿丹妮尔、萨米、阿莱养一条自己的狗，她们承诺攒足够的钱带一只狗回家，并且照顾它。在得到她的许可后，三个女孩开始忙碌起来，敲邻居的门，帮着照顾宠物和看小孩。一旦攒够了钱，她们就可以去挑选一只合适的狗。

她们挑选了一只名叫考拉的金毛寻回犬，考拉很快就适应了新家，并下定决心要成为这个家庭不可分割的一部分，好好地陪伴凯斯一家，凯斯一家提供了很多机会让它去追求更多的狗狗。不久，考拉最喜欢的活动就是在后院里追逐蜥蜴，而让小女孩们感到欣慰的是，小

小知识：雌性兔子每天只花 5 分钟来喂养它们的宝宝。

狗总是让爬行动物们做了运动后就放它们走了。

一天，考拉像往常一样去追逐蜥蜴，突然它对房子旁边隆起的一堆泥土产生了兴趣。丹妮尔和萨米走过去看是什么让她们心爱的狗如此专注，令她们吃惊的是，她们发现了一个有很多野兔宝宝的窝。女孩们赶紧把兔子们送到一位邻居那里，这位邻居是一位兽医，仔细地检查了它们。经过彻底的检查并开了健康证明，这些兔子被送回了凯斯家，兽医还告诉她们如何照顾这些兔宝宝。

女孩们和她们的妈妈已经准备好自己照顾这些小兔子了，但是后来考拉介入，帮助照顾和喂养它发现的兔宝宝们。这的确是不同寻常，因为许多品种的狗宁愿追兔子也不愿用鼻子去碰它们，但考拉决心保护它们。

虽然最初很犹豫，但蒂娜·凯斯还是决定让这只狗发挥它的母性本能。“考拉从来没有做过妈妈，所以它认为这是它的小狗，”凯斯说，“小兔们在考拉身上跳来跳去，总是跳到它的腿弯处，寻找温暖和庇护。”

猫和小鸭

2007年，一只名叫宽子的3岁大的母猫生下了3只小猫，但没过几天，3只小猫都不幸死亡。宽子的主人、埼玉县的农民远藤纪夫和恩智子夫妻注意到了这一点，但他们忙着经营农场，想不出办法帮助宽子。一个偶然的机会，他们从另一个农民那里买了两枚斑点嘴鸭蛋。在孵化小鸭过程中，他们把鸭子关在农场的另一个圈里。远藤夫妇是有经验的农民，知道不能把猫和鸭子关在同一个地方，尤其是不能关在同一个圈里。但是在农场忙碌的日常生活中，有一天他们不小心把母猫宽子关在了小鸭们的圈里。当他们去看小鸭时，看到里面有只猫，他们立刻慌了。

但是他们的惊慌很快就变成了宽慰和惊讶。他们看到宽子的母性本能如此强烈，以至于它把本该给自己小猫的关爱和照顾给了小鸭子。毕竟，它刚刚失去了自己的小猫，在它看到这些小鸭子之前，它没有任何可以寄托母爱的地方。它本能地开始梳理和舔小鸭子的绒毛，而小鸭们睁开眼睛后看到的第一个生物是宽子，所以它们以为宽子是它们的妈妈。

远藤夫妇如释重负，结果很完美。对猫和小鸭双方来说，这就是天定母子缘。

小知识：如果鸭子的叫声听起来比较清脆，那么就是母鸭；如果比较嘶哑，则为公鸭。

母鸡和小猎隼

英国柴郡的驯鹰专家大卫·班克勒是鸟类专家，他经营自己的鸟类饲养场已有 20 多年了。他非常了解它们的个性和习惯，所以他可以在自己将近 1.6 万平方米的饲养场里找到任何一只鸟，立刻就能看出是否一切正常，或者将要出麻烦。

因此，当一只 4 岁大的名叫绍拉的猎隼准备筑巢时，班克勒知道要密切注意，并做好迅速采取行动的准备。绍拉属于稀有品种，被称为印度猎隼，原产于印度次大陆。在此之前，绍拉曾多次抛弃自己下的蛋，这种做法使该物种面临更大的危险，甚至濒临灭绝。据估计，全英国只有 60 只这个品种的猎隼，而由于栖息地的减少和杀虫剂使用量的增加，全世界只有不到 1 万只印度猎隼。

绍拉下了蛋，但它离开巢穴的次数太频繁，令人担心这样能否孵育出小猎隼。这一次，班克勒知道该怎么做了。他要在鸡舍寻找一只母鸡，这只母鸡的蛋会和绍拉的蛋大约同时孵化。他把印度猎隼蛋搬到了一只矮脚鸡的窝里，这只母鸡叫塔夫蒂。

“这是让它活下去的唯一办法。”班克勒说。

班克勒的办法不错。蛋孵出来了，小猎隼很健康。然而，新生宝宝开始需要固体食物——鸡肉泥。

“塔夫蒂本能地把它孵出来，但又不想喂养它。”班克勒说。或者至少不能以最好的方式喂养它。

于是，塔夫蒂完成了它的工作，班克勒接手了。把这只小猎隼养在他自己的小屋里，直到它 3 个月大。这只小猎隼现在叫平格，它的翅膀展开已经有近 1 米长，准备离开鸟巢了。

小知识：印度猎隼不会走失到离家太远的地方。

边境牧羊犬和越南大肚猪仔

蓝十字会是英国动物保护非营利组织之一。多年来，蓝十字会的工作人员在接收各种类型的被遗弃动物方面积累了丰富的经验，同时还为当地家庭提供兽医护理和宠物培训等帮助。

1997 年 4 月 的 一 天，利兹·格兰特正在黑斯廷斯附近诺西坦的蓝十字动物医院工作，一位顾客带来4只刚出生的小猪。很不幸，小猪的母亲拒绝喂养它们。

格兰特立即行动起来，

把它们包裹起来，给它们保暖，最重要的是，喂养它们。在她工作的时候，一只名叫麦克的边境牧羊犬——动物医院所有人和动物的正式迎宾员——过来查看并欢迎这些新来者。

格兰特说:“麦克的舔舐和拥抱让这 4 只小猪很快就有了家的感觉。”格兰特补充说，小猪们接受了麦克的关照，并很快开始在麦克身上爬来爬去，从吃东西到玩耍，都向麦克寻求帮助。“小猪幸运地活下来了。”

越南大肚猪以善于与人以及其他动物相处而闻名。它们也很聪明，学习技巧的能力与狗相仿，知道如何走路和后脚站立，也很会玩接球游戏。

谁知道呢？在麦克的工作结束后，小猪们去了新家，也许它们中的一个将来会回报狗妈妈的帮助，帮助养育被遗弃的小狗。

小知识：纯种越南大肚猪明显比大多数农场的典型猪个头要小。如果明显比一只中等体型的狗大，那么它很可能是与农场猪杂交的后代。

芦苇莺和小杜鹃鸟

2011 年 6 月，野生动物摄影师戴维·蒂普林在英国东蒂尔伯里看到一只芦苇莺在哺喂一只小杜鹃鸟 (体型是芦苇莺 3 倍大的鸟)。他知道自己正在观看自然界的一个独特事件。

杜鹃是一种“巢寄生”的鸟类。它们将蛋产在其他鸟类的巢中，然后以变色龙的方式，蛋的颜色会发生变化，看起来就像原本就是巢中一员。小杜鹃鸟孵出来的时候，杜鹃妈妈早已飞离了巢穴，飞得很远很远了。

杜鹃蛋通常能被大多数鸟类识破。如果没有被识破，小杜鹃鸟刚一啄破蛋壳出来，就会利用自己的爪子和身体，压倒其他鸟，挤开“养父母”，离开巢穴。

然而，在东蒂尔伯的那一天，这一切都没有发生，这让蒂普林非常吃惊。在那只小杜鹃从巢中唯一的蛋破壳而出之后，芦苇莺父母把它当作一切都是正常的，只是稍微大一点、颜色不同的雏鸟。它们开始喂养和照顾这只小杜鹃鸟。

蒂普林说:“这些芦苇莺似乎认为这只幼鸟就是它们自己的孩子，它们出于本能照顾和喂养幼鸟。”杜鹃鸟的身体是芦苇莺的 3 倍大，但它们似乎没有注意到这一点。它们甚至试图坐在巢上面用翅膀盖住巢为小杜鹃鸟保暖。

芦苇莺父母没有偏见和恐惧，但它们应该居安思危。出生大约 18 天后，杜鹃幼鸟通常会长出飞行所需的羽翼。到那个时候，杜鹃鸟会强大到把巢穴夷为平地，让两只芦苇莺父母无家可归。但正如蒂普林所说，在这种罕见的情况下，这并不重要。

他说：“这些芦苇莺只会认为自己养家很成功。”由于杜鹃鸟的饭量是一般芦苇莺雏鸟的 3 倍，可怜的芦苇莺父母在杜鹃鸟飞出巢穴时已经筋疲力尽了。的确，从照片上看，杜鹃鸟似乎能把芦苇莺父母整个吞下去。

从这个角度看，喂养杜鹃鸟和人类父母喂养一个十几岁的男孩没有太大的不同。

小知识：雌杜鹃鸟平均每年将 12 枚蛋产在不同的鸟窝里。

德国牧羊犬和小猫

2009 年 2 月，澳大利亚西南部维多利亚州发生山火，救援人员将许多受伤和失去双亲的小动物送往该地区的动物医院。他们请来的救助者之一是一位名叫特蕾西·杰米森的女士，她是弗兰克顿镇的一名兽医。当一窝又一窝的小猫成群结队地被送到这里时，杰米森开始用奶瓶喂它们，但她很快就被连续不停的清洁、护理伤口和喂养工作压得喘不过气来。

幸运的是，她那 4 岁大的德国牧羊犬卢卡知道该怎么做，尽管它自己从来没有生养过自己的小狗。这只狗承担起了照顾 3 只 5 个星期大的小猫的责任——杰米森给这 3 只小猫分别取名为艾玛、本和露易丝，卢卡给它们梳理毛发、做清洁，还让它们蹭着它的

鼻子。

确实，卢卡和这些小猫咪们在一起时很开心——小猫咪们和卢卡在一起也很快乐。当另一窝小猫在接下来的一周来到宠物医院时，杰米森也让卢卡来照顾它们。

这只狗现在正在照顾 6 只小猫，所有迹象都表明它对自己的工作非常满意。第二组小猫名叫汉娜、艾米莉亚和扎克，它们只有两周大，很快就紧紧地抱着这只德国牧羊犬，旁边还有它们的同伴。卢卡成为每只小猫的保护者。

“这些小猫咪都很健康漂亮，需要去新的住处，”杰米森说，“尽管卢卡看到它们离开会很难过。”

小知识：德国牧羊犬有双层被毛。外毛长度中等、粗硬，定期脱落；而内毛更柔软，几乎是绒毛，很少脱落。

猫头鹰和小鹅

2004 年春天，在苏格兰阿伯丁郡东北猎鹰中心，一只名叫甘道夫的 15 岁猫头鹰变得越来越不安和紧张。多年来，每当它在窝里产下一枚蛋，然后就尽职尽责地在上面坐上几个星期，但却没有一只小猫头鹰能破壳而出。

这个中心的负责人约翰·巴里越来越担心甘道夫这些年来日益增加的痛苦。所以当一个邻居给了他一个鹅蛋时，他决定送给甘道夫，希望这个鹅蛋能帮助它减轻母性的焦虑，至少暂时如此。

约翰·巴里知道实现这个想法并不容易。首先，鹅蛋很可能是未受精的。其次，猫头鹰的母性本能能否发挥作用还值得怀疑，因为在野外，鸟类通常不会理睬一个与自己的蛋完全不同的蛋。最后，如果甘道夫继续筑巢，如果小鹅奇迹般地孵化出来，一旦蛋壳出现第一道裂缝，大多数雌性猫头鹰会很快意识到有问题，通常会杀死新生儿，尤其是像猫头鹰这样的猛禽。

但这些都没有发生。甘道夫成了小鹅的代育妈妈，小鹅把猫头鹰当成了自己的亲生母亲。同时，甘道夫照顾小鹅后，它的焦虑也大大减轻了。

英国皇家鸟类保护协会的一位发言人说，这种情况很少见。“这是一个令人难以置信的故事，”这位发言人还说，“这种养育在自然界是不会发生的。”

小知识：猫头鹰的长相可以截然不同：谷仓猫头鹰（仓鸮）长着典型的心形脸，而鸱鸮科猫头鹰，则长着圆脸。

山羊和小狼崽

中国新疆南园子村的一些村民去附近的树林里打猎时，发现一只新生的小狼崽依偎在它死去的母亲身边。村民可怜这个孤儿，把它带回了村子。他们知道村民陈明家有一只最近刚生产的山羊，他们把小狼崽交给他，希望有足够的奶喂养它。

不仅有足够的奶，山羊还像照顾自己的孩子一样照顾小狼崽。小狼崽被带到陈家已经 3 年了，令人惊讶的是，这只山羊和狼仍然形影不离。

“它们一起吃饭，一起睡觉，”陈明说。“每个到我家来的人都对这一场景感到惊讶，猎物和捕食者竟然成为好朋友。”他还说，他想把狼放回野外，可是一想到山羊和狼从初次见面时就很亲密，他又很犹豫。

小知识：小狼崽出生时看不见东西，大约两周后，它们会睁开双眼。

鸡、鹅和三只小鸭

多琳和大卫·鲍曼是爱荷华州塞耶的农民。在多年的农场生活中，他们目睹了不寻常的母爱天性。

他们完全没有料到，他们的一只叫亨丽埃塔的母鸡和一只叫格蒂的母鹅，养育了一窝小鸭，组成了一个混合家庭。

这一切都始于农场里的一只母鸭在自己的窝里孵蛋，离母鸡亨丽埃塔正在孵育的蛋窝很近。很不幸，亨丽埃塔的蛋没有像以前那样能孵出小鸡来。当第一只小鸭在隔壁的窝里开始破壳时，母鸭莫名其妙地

站起来离开了它的窝。亨丽埃塔看到这一幕景象，于是在母鸭离开后，这只机敏的母鸡迅速地把小鸭和剩下的未孵出的鸭蛋搬到自己的窝里。

不难想象，亨丽埃塔屏住呼吸，想看看鸭子妈妈是否回来了，但没有。与此同时，一只叫作格蒂的母鹅也在密切关注着这一过程。母鹅在孵育自己的一窝鹅时，也遇到了亨丽埃塔同样的问题。几小时后，当小鸭子们准备离开窝时，它们认真地跟着养母亨丽埃塔出去探索。格蒂也到这个团体帮忙，从那时起，这个家庭就团结在一起了。

多琳说："它们很快就充当了妈妈的角色，从那时起，它们就是一家了。""每当这些小鸭发出好像害怕什么的声音时，这两个妈妈都会立刻跑过来救援。"

这两位妈妈分担着养育孩子的责任：亨丽埃塔负责照顾和喂养；而格蒂则自然地担任游泳教练和救生员，这个时候亨丽埃塔就在池塘顾看着小鸭们。

小知识：小鸭在孵化出来后就会游泳。

德国短毛指示犬和小猫头鹰

这只白脸的小猫头鹰名叫基鲁伯，当它来到位于英国牛顿阿伯特的德文猛禽中心时才4周大。由于这种猫头鹰属于微型品种，成年后也不会变得很大，所以中心创始人凯伦·安德烈亚斯特地收养了它。基鲁伯的小个头非常适合她在当地为学生进行经常性的教育展示。她说："它是一只小猫头鹰，你可以把它用在学校的工作中，因为对孩子们来说它很容易对付。"

训练猫头鹰和其他鸟类的内容包括让它们住在家里，通过在家和中心的其他一些建筑周围飞翔来伸展它们的翅膀，同时让它们习惯中心的各种各样的鸟类和动物。每当安德烈亚斯把新鸟带回家里时，她总是小心翼翼地盯着她的狗基拉，这是一只德国短毛指示犬。

她的谨慎不无道理。体型正常的猫头鹰会把家养宠物当作美餐，但另一方面，德国短毛指示犬是一种很厉害的万能猎犬，它们通常不会和猫或鸟和谐相处。

然而，对于基拉，安德烈亚斯没有必要担心。事实上，基拉从看到小猫头鹰的那一刻起就接受了它。从那以后，这只狗很少让基鲁伯离开自己的视线。当安德烈亚斯带着基鲁伯去学校，把基拉留在家里时，这只狗会一直不放心，直到安德烈亚斯和小猫头鹰安全返回。

小知识：雌性猫头鹰每次产卵一枚，每次产卵有几天的间隔，所以一窝小猫头鹰不在同一时间出生。

金狮面狨和小银毛猴双胞胎

在大多数情况下，猴子是都是独立养育下一代。换句话说，很难看到两个不同品种的猴子混在一起，更不用说抚养另一种猴子的孩子了。

“有记录表明，灵长类动物经常一起努力来帮助自己的后代，但很少会见到不同灵长类动物之间养育后代的合作。”英国科尔切斯特动物园园长克莱夫·巴维克说。在这个动物园，一只名叫汤姆的金狮面狨打破传统，积极帮助养育一对银毛猴，一种更小的猴子。2011 年 3 月，一对名叫奥利弗和亚瑟的银毛猴夫妇产下了一对双胞胎，这比较少见，因为大多数灵长类动物往往一次只生下一个后代。当猴子妈妈承

担起喂养和照顾婴儿的大部分责任时，猴子爸爸和大家庭的其他成员也经常会参与进来。但是很少有其他物种的猴子参与其中。

当银毛猴大约 6 周大的时候，汤姆第一次接管了照顾它们的工作。这时，小猴子已经长大到奥利弗无法同时背得动它们两个的程度。由于汤姆体型更大，作为男保姆一次背两个并不是负担。通过这种方式，奥利弗其实是追随麦当娜和格温妮丝·帕特洛等女明星的潮流，依靠雄性来看护和照顾年幼的孩子。

小知识：尽管在野外一群狨猴可以多达 30 只，但只有一对可以繁殖，因为在这个猴群中只有占据统治地位的雌性会繁殖下一代。

狗和幼袋鼠

雷克斯是一只10岁的德国短毛和硬毛指示犬混血狗。在澳大利亚维多利亚州的一个海滨小镇托基，它每天高兴地和主人里昂·艾伦生活在一起。艾伦说："它不是天使，只是一只普通的家养狗，有点淘气，性情温和、被动、可爱。"

一天早晨，艾伦和雷克斯像往常一样沿着马路散步，发现路边有一只死袋鼠。这个可怜的家伙被车撞了，而在这个地方发生这种事并不罕见。艾伦估计当地政府会在那天晚些时候来收拾现场。散步回家后，她就到外面的花园里干活，解开拴着雷克斯的皮带让它在院子里溜达。

突然，雷克斯朝马路跑去。几分钟后他嘴里含着什么东西回来了。"我很担心它会遇到蛇，就把它

叫了回来，然后它把一只幼袋鼠放在我脚边。”艾伦说，她又仔仔细细看了一下，发现路边那只死去的袋鼠妈妈留下了一个婴儿，大约4个月大。她说：“雷克斯显然感觉到小袋鼠还活在妈妈的袋子里，它就轻轻地叼住小袋鼠的脖子，把它叼了回来，带到我这里。”

这两只动物很快就玩到一起了。雷克斯开始又舔又蹭这只幼崽，幼崽则跳起来和雷克斯玩。它们在一起度过了几天快乐的时光。几天后这只名叫小雷克斯的幼崽被安置到吉朗考拉野生动物保护区。负责人特蕾·戈登对于雷克斯对幼袋鼠的照顾方式感到惊讶。

她说：“雷克斯非常小心，知道要把幼袋鼠交给主人，而这只幼袋鼠非常放松，没有把雷克斯当成捕食者，这非常了不起。”“这是主人的功劳，他们教会了它要善待袋鼠、针鼹和其他经常从他们家经过的动物。这也是一个经验，可以培养狗熟悉和适应野生动物，你只要教它们明辨对错就行了。”

小知识：刚出生的小袋鼠个头不比利马豆大多少；小袋鼠一般会在袋鼠妈妈的育儿袋里待上7~8个月，才能爬出育儿袋到外面活动。它们可能会一直被哺乳到1岁。

大丹犬和小鹿

在神秘世界野生动物救助中心，一家位于英格兰萨默塞特郡海布里奇的动物救治和庇护机构，那里的工作人员多年来见到过许多生病和受伤的动物。他们知道操作流程：狐狸、猫头鹰、浣熊或其他动物一进门，专家小组就会迅速赶来，诊断和治疗，然后护理到它们恢复健康，希望最终能将动物放回到野外。

宝琳·基德纳 1984 年与丈夫德里克共同创建了这家庇护机构。一天，一只一天大的小鹿被送进来，它显然是被妈妈遗弃了，病得奄奄一息，工作人员立即采取了行动。“我们发现它的处境非常糟糕，”宝琳·基德纳说。“它浑身又湿又冷，近乎神志不清。”

不到一个星期，小鹿开始恢复健康，基德纳开始带着小鹿——现在叫辛迪——定时出去散步，以便它恢复体力。基德纳的儿子有一只名叫洛奇的大丹犬，它喜欢观察新来的小鹿。有一次，那只狗看了小鹿一眼，就使劲挤了过来，照看辛迪。

它们的喜欢是双向的。“洛奇的行为就像是辛迪的妈妈，”基德纳说，“辛迪认为洛奇比我更有可能是它的妈妈。”

在辛迪来到中心的两周后，它们就形影不离，每天一起散步。洛奇小心翼翼地守护着小鹿，小鹿偶尔会离开它去探险，但当洛奇意识到自己离小鹿有点远的时候，就会跑回小鹿身边，用鼻子蹭它，靠在它身上。

“很高兴见到它们这样相处。”基德纳说。

小知识：大多数小鹿出生后 20 分钟就能站起来，出生后 1 小时内就能走路。

狗和小獾

莫里是一只 4 岁大的德国牧羊犬杜宾犬混血。1998 年春天，在英国萨默塞特郡神秘世界野生动物救助中心，莫里每天愉快地迎接游客，帮助监督新来动物的饲养。一只新来的小獾引起了莫里的注意，它们的相遇，实际上源自狗的长辈思维的驱使。

在此前一星期，一只在附近乡村溜达的宠物狗发现了一只小獾。狗轻轻地用嘴叼起它，带回家给主人看。

他们一看，就知道这只小动物状况不佳：它体重不足，贪婪地吞下了他们给它的几片食物，然后开始四处嗅，寻找更多的食物。这对夫妇早些时候曾在路边看到一只死獾，他们认为这只小獾可能刚刚成为孤儿。他们给附近的神秘世界野生动物救助中心的创始人宝琳·基德纳打了电话，基德纳收养了这只獾，并开始照顾它。

当这个孤儿小獾来到救助中心时，默里看了一眼它，就把基德纳推开了。

从那时起，这只狗就成了小獾的代理父亲，基德纳给小獾取名叫大卫。从此，这只狗就和小獾玩在一起了。

基德纳说:“大卫能活下来当然要归功于这只狗，它还喜欢和另一只狗一起玩耍。”“也许它会在来生变成一只狗。”

小知识：獾是夜间活动的杂食动物，擅长在泥土中挖洞。

边境牧羊犬和鬣狗、幼虎

正如你所看到的，在一个幸福的大家庭里，动物的养父母，它们的养育本能是非常强烈的，它们会自动地去帮助任何需要帮助的小动物，不管它们是什么物种。事实上，这种本能是与生俱来的，它们会一次又一次地这样做。

生活在南非伊丽莎白港海景狮子公园的索罗，是一只三色边境牧羊犬，它也是爱帮助其他小动物的狗狗之一，它会同时照顾不同种类的小动物。

当一对失去双亲的鬣狗幼崽第一次来到公园时，索罗已经在照看一对4个月大的名叫茹多和鲁比的幼虎，这对幼虎是在早产后来到公园的。在把注意力转移到鬣狗身上之

前，索罗帮助幼虎清理干净身体，并在人类同事照顾它们的时候看着鬣狗。

也许这并不奇怪，因为这是只精力充沛的边境牧羊犬，一个以擅长放牧而闻名的品种，因为没有羊或其他牲畜需要它放牧，所以它把精力放在需要照顾的年幼动物身上。

索罗的主人、公园总经理阿什利·冈伯特表示："当动物孤儿来到时，索罗一定要确保我们会妥善地照顾它们。索罗甚至给它们梳理毛发。"

如果动物们太吵闹，索罗也会驱赶它们。"索罗的牧羊犬本能有时会发挥作用，如果其他动物越界，索罗会控制它们，这也表明索罗非常关心它们。"冈伯特补充说："索罗在老虎周围长大，它会和小老虎分享食物，小老虎会过来吃它碗里的食物。""但如果小老虎吃得太多，它就会厉声斥责它们，把它们赶回原位。"

小知识：鬣狗宝宝最多需要一年的看护。

母狮和小羚羊

如果你看过国家地理频道或其他关于野生动物的纪录片，你可能会看到野生狮子或老虎追逐斑马或羚羊这些猎物。你知道那些是不可避免的——攻击和杀戮将要发生，而攻击是非常激烈的，例如成群的动物突然袭击某种处于弱势的动物，并把它当作美餐。

因此，当野生动物摄影师德维瑟在乌干达伊丽莎白女王国家公园看到两只母狮子在吃羚羊时，他并不感到惊讶，他的镜头向他展现了这一幕。但接下来他看到的是他从未见过的景象。

雌狮吃饱了，它们爬上一棵树休息。德维瑟听到有微弱的声音像是哭声。过了一会儿，他看见灌木丛中出现了一只小羚羊，他意识到那是被杀死羚羊的幼崽。

树上的狮子竖起了耳朵——它们也听到了——其中一只狮子爬下来查看。小羚羊一看见母狮子，就跑到它跟前，用鼻子探着它的身体，好像在找奶吃。

“母狮真的很困惑。”德维瑟说。母狮和小羚羊开始交流——嗅和舔；母狮对小羚羊的态度就像对待自己的幼崽一样，只是有点儿犹豫。德维瑟看着，完全被吸引住了，拍摄记录了这一情景。

大约 45 分钟后，摩托车的轰鸣声划破寂静，吓了人和动物一跳。一位公园管理人员经过，母狮像对待自己的幼崽一样，叼住小羚羊的后颈，小跑进了高高的草丛。德维瑟知道母狮没有恶意，如果它想杀了小羚羊，它会瞄准小羚羊的喉咙。

故事并没有到此结束。德维瑟说:“那天晚些时候,我们从一群游客那里听说,这只小羚羊后来被发现活得好好的。”

小知识：羚羊的角是中空的，而且一直长着不脱落，不像鹿的角每隔几年就会脱落。

猎狐犬和狐狸宝宝

有一些动物，它们帮助小动物的动力——无论是它们自己的，还是其他同类的，甚至是来自其他物种的——是如此强大，以至于你不能阻挡它们，你必须让它们去做。一只叫“妈妈”的猎狐犬就是其中之一。

2011 年 9 月，在康涅狄格州的 LEO 动物保护中心。主任马塞拉·利昂越来越担心他们的一个动物，一只名叫菲奥娜的非洲耳廓狐怀孕了；它以前生过孩子，但不幸的是，它有遗弃或吃掉新生儿的历史。利昂意识到最好的解决办法是找一只最近生过孩子、快要断奶的母狗，来帮忙喂养狐狸宝宝。因为耳廓狐很小，所以最好的代育犬是像吉娃娃一样的小型犬。

在菲奥娜预产期的前几周，利昂通过当地一个名为“狗狗收养”的援救组织帮助，很快在北卡罗来纳州的一个收养所找到了一只名叫“妈妈”的狗，它和自己的 6 只小狗在一起。“妈妈”表现出过强烈的母性本能，它在街上试图把发现的另外 6 只流浪狗集中起来，结果造成了一场车祸，正是这个原因它被送进了收养所。

一切听起来都很好，直到利昂看到了那只狗的照片：“妈妈”不仅比吉娃娃体型大，而且还是只美国猎狐犬，养它的目的是，嗯，猎狐。利昂心有疑虑，但当她听说“妈妈”的母性倾向时，她想这也许会压倒它的狩猎欲望，所以她决定试一试。

志愿者们把“妈妈”和她的小狗们从北卡罗来纳州送到了康涅狄格州，在那里，当“妈妈”去LEO总部的时候，他们会看护好这些小狗。当狐狸宝宝出生的时候，“妈妈”已经到了，工作人员也做好了行动的准备。

当“妈妈”第一次看到狐狸宝宝时，它咆哮着，不得不让它回来。但工作人员很有耐心，他们把狐狸宝宝放进保温箱，每两个小时取出来喂一次奶。一开始，一个工作人员抱着“妈妈”的头分散它的注意力，而另一个工作人员则拉着它的臀部，第三个人把狐狸宝宝送到“妈妈”的奶头前，因为它们太小了，自己够不着。虽然第一次花了一个小时，但很快大家——人、狐狸宝宝和狗——都习惯了这个过程，并放松下来。

正如利昂所预料的，“妈妈”的母性本能战胜了它的狩猎欲望。

“它爱它们，清洁它们，保护它们，”利昂说，“它是一只可贵的、可爱的狗。”

小知识：大多数狐狸从12月到次年2月繁殖，而成年狐狸唯一能在窝里睡觉的时间是雌性狐狸哺育幼崽的时候。

奶牛和小羊羔

2001 年，在新西兰彭卡罗的一个小农场里，可以看到，两只小羊羔跟着一头两岁半的名叫小布朗的泽西奶牛在草地上溜达。

当这两只小羊羔被妈妈拒绝养育后，迈克和蒂娜·皮齐尼觉得他们必须迅速采取行动。在小羊羔母亲不履行母亲职责的情况下，他们把 2000 年圣诞节出生的两只小羊羔介绍给了小布朗。

小知识：人眼的可视角度约为 170°，而绵羊眼睛的可视角度达 270°。

小布朗从一开始就接受了这些孩子。一整天，小羊都在它身边，只要小羊想吃东西或想蹭鼻子，牛妈妈就会很高兴地配合。

3 个月后，奶牛和这两只小羊羔还是像一开始那样亲密。

小知识：当猴子微笑、打哈欠或快速点头时，被认为是一种攻击性的迹象。

狗和小猴

纵观历史，当孩子们在学校或社区受到其他孩子的欺负或奚落时，人类的父母亲们都会毫不犹豫地挺身而出。2008 年，在中国河南省焦作市的一家动物园里，一只狗为一只小猴子扮演了同样的角色。

故事开始于小猴子失去双亲之后。其他的猴子，无论大小，也许觉得受到了这个没有父母的小猴子的威胁，它们开始欺负和攻击这个可怜的小猴。有几次差点杀死它。

动物园管理员决定采取行动，把一只名叫赛胡的狗放到猴子的围栏里，希望这只狗可以保护小猴，甚至在其他猴子企图欺负这只小猴时分散它们的注意力。

这个方法很奏效。赛胡进入猴区几分钟后，小猴子就爬到狗背上，使劲抱住了赛胡。在猴子们开始欺负小猴时，赛胡立刻勇敢地冲出来，充当起父亲的角色。

随着时间的推移，赛胡和小猴变得形影不离，动物园的其他猴子和游客都注意到了这对不同寻常的伙伴。

小知识：斑点狗被训练得与马融洽相处。因为斑点狗最初的主要工作是作为消防犬，在马拉消防车奔向燃烧的建筑时，开辟出一条路，并且在消防员工作时让马安静下来。

斑点狗和小羊羔

在澳大利亚巴罗莎山谷的一个农场，约翰和朱莉·博尔顿饲养了几只斑点狗。多年来，他们看到很多发生在狗和羊之间有趣的事情。一天，他们看到母羊推开一只新生的羊羔，拒绝喂养它。神奇的事情发生了：他们家的斑点狗佐伊过来帮忙了。

事实上，当斑点狗和小羊刚刚一认识，佐伊——当时正处于发情期，但没有怀孕——就独自承担起照顾小羊羔的责任。

“佐伊实际上是在清洁它、舔它、安慰它，小羊试图从佐伊的乳房吸奶，”朱莉说，“小羊跟着狗，不过它从我的奶瓶喝牛奶。”

这只羊是杜泊羊和范鲁伊羊的杂交品种，其外表与斑点狗相像。“它身上有斑点，”朱莉说，“白色皮毛上有黑色斑点，就像斑点狗一样。”

“我们不太确定该怎么称呼它，是‘斑点犬’还是‘斑点羊’！”她的丈夫约翰开玩笑说。

对小羊羔来说，叫什么真的无所谓。不管它认为自己是一只狗还是一只羊——或者两者兼而有之——一旦它遇到佐伊，就不会远离它的身边。故事迅速发展到和谐的结局：小羊羔开始睡在狗窝里，开心地蹭着“妈妈”。

小知识：一只鸡静息时心脏每分钟跳动250~300次；相比之下，健康成年人的静息心率为每分钟60~100次。

猫和小鸡

还没有事实证明，动物“养母”或“养父”更有可能接受它们翅膀下另一个物种的小动物，如果这种动物和它们长得有某种相似之处。斑点狗佐伊和那只长着一样斑点的羊之间的故事,很容易让人认为长得相似不会引起伤害。确实，在约旦的马达巴，一岁大的母猫尼姆拉就是这样。2007 年，它在照料自己的 4 只小猫的同时，收养了母亲突然去世的 7 只小鸡。

尼姆拉有着橙棕色的皮毛，许多小鸡的颜色和尼姆拉的一样。因为小鸡们的外表图案与自己的相像，它把小鸡放在怀抱里的可能性可以说是增加了。

不管怎么解释，这只猫收养了这几只小鸡，并和它的小猫们一起接受了它们，这让安曼南部城市的人们感到有些吃惊。尽管它只喂养自己的幼崽，但它对待小鸡的方式和对待自己的幼崽是一样的：每当小鸡迷路时，尼姆拉都会停下正在做的事情，在路口拦住小鸡。然后，它轻轻地用嘴叼着小鸡，放回纸盒里。它用纸盒照顾着一大群小动物，有小鸡也有小猫。

狗和小丛猴

朱迪是英国斯塔福德郡塔姆沃思附近一家小动物园的几只狗之一。朱迪从小是只孤儿狗，动物园的工作人员们认为它适合充当一只孤儿小动物的养母，这只小动物是只小丛猴，最近在动物园出生，不幸的是被母亲抛弃，这种事情对于圈养灵长类动物并不罕见。

丛猴婴儿有几种特殊的需求，这使得它们有别于其他物种的新生儿。

首先，它们是夜行动物，所以白天睡觉，晚上出去活动。

其次，在它们醒着的大部分时间里，为了身体和情感的需要以及正常的生长，它们必须依靠被当作父母的某种生物。

这给动物园的工作人员带来了一个难题：他们试图教会丛猴宝宝抱着各种各样的东西，从毛绒玩具到覆盖毛皮的热水瓶，但不管他们怎么做，宝宝都没有得到安抚。

就在那时，他们想到了朱迪。然而，为了使计划奏效，他们必须确保朱迪在一个黑暗的房间里和一个特别活跃的毛茸茸的小动物待在一起很舒服。他们还必须改变小丛猴的作息时间，使之与工作人员的正常工作时间相一致。

不过，首先，他们得确保朱迪不介意一个小尖爪动物紧紧地抓着它的头。令人高兴的是，这只狗通过了第一次测试。从那一刻起，小丛猴就像一顶毛茸茸的大帽子一样顶在它的头上，朱迪似乎并不介意这种温暖和经常的陪伴。如果朱迪感到不舒服，它会一直试图把小丛猴赶下来。这只小丛猴和朱迪在一起似乎很舒服，也给朱迪带来了温暖和舒适。

接下来，动物园管理员改变了丛猴宝宝房间的灯光，使它的夜晚行为发生在白天，但他们也不得不改变朱迪的作息时间，使它实际上变成了一只夜猫子。动物园管理员在小丛猴的围栏里安装了照明系统，这样小丛猴的夜间活动时间就和白天大致同步了。这一转变意味着他们可以密切关注小丛猴的健康状况，并检查朱迪头部是否被抓伤。

当小丛猴明显开始发育和茁壮成长时，工作人员开始给它断奶。在它的妈妈拒绝喂养它后，动物园就介入，一直用小奶瓶里的替代奶来喂养它。到了要断奶的时候，它开始吃传统的丛猴婴儿食物——昆虫。

吃完饭后，小丛猴会做约 2.5 米长的跳跃动作穿过房间进行锻炼。但旧习难改，它很快就会回到朱迪身上。

小知识：丛猴宝宝有两个舌头，一个是用来吃东西的，另一个软骨下面的小舌头用于梳理，以保持皮毛清洁。

万能梗和小豚鼠

在加拿大不列颠哥伦比亚省的温哥华，一只名叫遮阳伞的万能梗可能是世界上最有耐心的狗了。

伊莱恩·胡在 2000 年 16 岁生日的时候得到了这只狗，从那以后他们就形影不离。胡甚至开一个博客 www.sunshadethesuperdale.com，专门介绍她最好的朋友——她的万能梗。在他们定期去宠物店购买食物和玩具时，胡注意到，每当他们靠近豚鼠笼子时，遮阳伞就会面对着豚鼠，目不转睛地盯着看。

有些人可能认为，这是因为它的品种——毕竟，万能梗是用来追捕和杀死所有类型有害动物的。但胡仅仅通过观察遮阳伞的身体语言就知道不是人们想象的那

样。每当狗发现院子里有松鼠或老鼠时，它整个身体都会紧张起来，耳朵会警觉起来，嘴巴也会紧紧地闭上——这些才是狗在发起攻击之前的明显迹象。

然而，每当遮阳伞看着豚鼠时，它的肢体语言却恰恰相反：它会完全放松下来，表情既着迷又好奇，好像想和豚鼠交朋友一样。

2010 年，遮阳伞被诊断出患有癌症，幸好治疗成功。后来，胡决定送她心爱的狗一件礼物：让它拥有一只小豚鼠。她认为她的狗已经等得够久了，于是她带了一只豚鼠回家做测试。遮阳伞非常喜欢这只豚鼠,悉心照料它。一个月后，胡给遮阳伞买了第二只。

遮阳伞真是活在天堂，它帮着照料和梳理小豚鼠。每当有小豚鼠离开它的身边，它明显变得很伤心。结果，两只小豚鼠成为了夫妻，不久，一窝小豚鼠出生了。遮阳伞也照顾孙子辈的小豚鼠。胡决定在她的博客和网站上记录下她的万能梗和豚鼠之间不可思议的亲密关系。

遮阳伞一直很开心,直到其中一只小豚鼠在 2012 年冬天意外死亡。然后一件神奇的事情发生了：当胡把小豚鼠埋在后院的时候，遮阳伞跟着她，坚持不离开“墓地”。遮阳伞哀痛了几个星期后才振作起来；毕竟，它还有别的小豚鼠要照顾。

小知识：万能梗被称为梗犬之王，因为它是梗犬组中最大的品种。

母猪和小猫

在世界各地的农场里，谷仓猫以一种最恰当的方式获得了它们的名字：它们住在仓房里，它们的主要工作是防止害虫。

偶尔，你会发现有的农民同情待在户外的猫，尤其是在寒冷的季节，会让谷仓猫过上相对奢侈的家猫生活，至少在最冷的几个月里是这样。

不过，有的猫却拒绝这种物质享受，宁愿在户外生活，不管天气如何。

英国诺福克郡金斯林附近，农民威廉·黑德利的农场和谷仓里，一只母虎斑猫在闲逛。这只母猫在谷仓中生了一窝小猫，旁边有几头母猪，其中一头母猪刚刚生了一窝自己的小猪。黑德利和他的家人对母猫和它的孩子非常关心，于是把它们搬进了农舍，至少让小猫在能够独立生活之前住在这里。

但是猫妈妈一点也不喜欢这个安排，它立即把小猫带回了谷仓。它显然更喜欢和猪在一起，而不是和人在一起。

母猪们欢迎它们的老舍友回来，它们已经习惯了在附近有猫妈妈和她的小猫。事实上，这只正在哺乳的母猪不仅仅是欢迎它们：当其中一只小猫挤到小猪旁边吃奶时，猪妈妈让小猫也加入进来。小猪们甚至和这只小猫一起玩，虽

然其他的猫没有一起加入进来。

随着时间的推移，小猫们长大了，可以去新家了。然而，为了避免这只以为自己是猪的小猫像猫妈妈那样拒绝他的盛情款待，黑德利认为最好还是不把它送走。所以这只小猫就留了下来，和它的猫妈妈在一起，而实际上大部分时间都是和它的养母猪妈妈以及小猪们在一起，即使将来它的“兄弟姐妹”长得比它高大。

小知识：在英国，一群小猫被称作“kindle”，而一群成年猫则被称为“clowder”。

狗和小美洲驼

在位于英国埃塞克斯郡布赖特灵西附近的农场，农场主雷格·布卢姆饲养着秘鲁美洲驼。一天，一只第一次生产的美洲驼拒绝给它刚出生的孩子喂奶。布卢姆一点也不觉得奇怪，因为美洲驼妈妈已经转危为安，而美洲驼通常是通过观察其他同类来学习如何哺育幼崽的，显然这位美洲驼妈妈还没有经验。

通常，这种情况下的新生儿会由人类按时用奶瓶喂养，但当时布卢姆的农场有太多其他动物要照顾，没有足够的人手来帮忙喂养小美洲驼。

这时，布卢姆想到了他的狗罗西，这是一只指示犬和罗得西亚脊背犬的混血狗，它刚刚给自己的小狗断奶。这是一个不同寻常的想法，但满怀希望的布卢姆决定至少尝试一下。令人高兴的是，罗西像鸭子自然下水一样接受了这项任务。布卢姆将此归因于它之前的经验，它曾照顾和帮助喂养过几只来到农场的失去父母和被遗弃的狮子和老虎幼崽。它有强烈的动物母性。

尽管罗西之前已经尽了自己的责任，在给小狗断奶后看着它们健康地继续生活,但它和小美洲驼的关系却完全不同。罗西和小美洲驼都很享受彼此的陪伴，尽管后来小美洲驼长得比结实的狗妈妈个头还大，甚至在罗西停止给小美洲驼喂奶几个月后，它们仍然保持着亲密的养育关系。

事实上，布卢姆一家都很喜欢狗狗和美洲驼这种关系：小美洲驼每天晚上都要陪罗西和布卢姆一家一起散步，而布卢姆一家则允许狗狗和美洲驼晚上一起睡在厨房旁边的一个空房间里。

小知识：小美洲驼，在出生后的头 3 个月里，通常每天会增加约 450 克的体重。

拳师犬和小猪

在英国诺福克郡的希尔赛德动物保护区，创始人温迪·瓦伦丁多年来目睹了许多遭受虐待、遗弃和成为孤儿的动物走进她的家门。她和工作人员尽一切可能帮助这些不幸的动物恢复健康，但他们没有想到他们还有动物帮手。

2011年圣诞节前的一天，一名当地救援人员在保护区附近的路边发现了一只刚出生一小时的小猪。瓦伦丁猜测，这只不安分的小猪可能是从附近的养猪场跑出来的，也可能是一头母猪在去屠宰场的路上在卡车上生下的，小猪从车的板条缝掉在了路上。

"它太小了，脐带还在，"瓦伦丁说，"我们不得不亲自喂养它，我把它带到了我的房子，这样我就可以照看它了。"

瓦伦丁5岁大的拳师犬苏茜是她几年前从威尔士的一个小狗养殖中心里救出来的。苏西过来看新来的小猪，第一眼就喜欢上了它。"很明显，塔比莎(这只小猪的名字)把苏茜当作了妈妈，"她说，"塔比莎不会离开它待的篮子，所以我让它们一起玩，它们会互相依偎在一起，不会离开对方。"

虽然这只猪很快就长得和苏茜一样大了，但它们在一起玩耍的日子并没有

变。瓦伦丁说："它们互相吸引，现在形影不离，甚至蜷缩在一起睡觉，紧挨在一起吃饭。""这真是一段美好的感情。它们似乎完全被对方迷住了。苏西对小猪很温柔，好像它本能地知道对方只是个孩子。有时它们四处奔跑，在地上打滚玩耍，你会情不自禁地发笑。"

小知识：猪是一种没有汗腺的动物，所以它们喜欢在泥地里打滚来保持凉爽。

黑猩猩和小狗

动物爱好者雷蒙德·格雷厄姆·琼斯在英国达文特里附近经营着一家小型野生动物园。动物园有许多猫、狗、鸡、鸭和鹅，它们其中一些对新来的动物很感兴趣。

他十分鼓励自家养的宠物去结识他在动物园里养的那些野生动物。后来，他成为了一名正规的医生，与家里的野生动物和驯养的动物都能和睦相处。每当一只野生动物和他的一个家宠伙伴之间的友好关系生根发芽，琼斯总会非常开心。

他在动物园里养了几只黑猩猩。每当黑猩猩与另一种动物接触时，他总是小心翼翼地密切观察它们，因为他经常发现黑猩猩在接触小动物时往往是靠不住的。在某些情况下，当黑猩猩感到无聊或心烦意乱时，有时会对幼小的动物表现出敌意或威胁，甚至会摔小动物。

然而，琼斯从未担心过一只名叫安娜的黑猩猩，它不仅对动物园里大大小小的动物都有非常好的态度，而且显然具有极强的母性本能。每当家里有一只小狗出生，它总是被深深吸引。由于琼斯通常都是同时养几只狗，所以安娜的

全职工作基本上就是帮狗妈妈们照顾小狗。

安娜喜欢看小狗们吃奶。一只小狗被妈妈喂饱后，安娜会轻轻地把它抱起来，就像对待自己的孩子一样。每当有陌生人靠近小狗时，安娜就会跳出来保护幼崽。

大多数狗妈妈对安娜越来越熟悉，它们意识到这只黑猩猩并不是一个威胁，因为安娜总是非常关心和爱护所有的小狗。另外，也许狗妈妈意识到安娜来帮忙可以让它们休息一会儿。

小知识：黑猩猩和人类的共同点比大猩猩多，因为黑猩猩和人类有 95%~98% 的 DNA 是相同的。

狐狸和小猫

英国诺福克的农民罗恩·贝利斯，已经习惯了保护他的动物——包括鸡、狗和猫——不受在他的土地周边经常游荡的狐狸群的伤害。然而，当贝利斯在自己的农场发现一只6周大的狐狸状况不佳时，他决定改变处理方法。

这只雌性小狐狸离开了妈妈，很可能是迷路了，回不了家。当贝利斯在他家附近的地里把它救回来时，这只狐狸已经精疲力尽、奄奄一息。

贝利斯把小狐狸带回家，把生鸡蛋和牛奶混合后喂养它，在厨房炉子上方的架子上搭了一张简陋的床和保温箱。经过几个星期的照料和喂养，小狐狸长胖了，开始对周围的世界产生了好奇心，包括农场里的其他动物。尽管贝利斯曾考虑过在这只狐狸康复后将它放回野外，但他产生了新的想法，因为小四月——以小狐狸被带回家的那个月命名——表现得更像是家养的动物，而不是野生动物。

小四月很高兴地和贝利斯的几只猫和小狗一起住在农舍里，狼吞虎咽地吃着狗食、饼干和动物们同一个碗里的残羹剩饭。小四月也习惯了农场的生活节奏，每天跟着贝利斯和他的家人在农场转来转去，陪着他们散步，训练他们的狗，戴着项圈，像狗一样领路。贝利斯起初让小四月远离农场里的鸭子和鸡，但过了一阵，发现不必担心；尽管有关于鸡舍里的狐狸的故事，但小四月几乎不搭理农场的鸭子和鸡。

贝利斯的妻子珍妮认为，他们收养的这只狐狸表现得更像猫。“小四月从来没有伤害过任何动物，甚至老鼠。”她说，“也许它认为自己是一只猫。”事实上，小四月和许多小猫一起长大，随着时间的推移，每当有猫妈妈在农场生下一窝小猫，它就会跑来照顾小猫。农场里这些猫妈妈们已经习惯了小四月和它们一起生活，有这只特殊的狐狸来照看小猫，它们很高兴。

“猫和狐狸看起来是很奇怪的伙伴，”珍妮补充说，“但是当它们在农场嬉戏时，通常是猫在追狐狸。”

小知识：虽然狐狸和狗一样属于犬科，但它们的行为也可能像猫一样：从眼睛眯起的方式，到受到威胁时拱背和侧身移动的方式都是如此。

德国牧羊犬和小孟加拉虎

2001年春天，当暴雨袭击离澳大利亚悉尼不远的温莎镇时，每个男人、女人和动物都要应对。

不幸的是，对于那些有新生儿要抚养的野生动物家庭，其中一些小动物只好自己照顾自己，有些没能存活下来。但4只孟加拉虎幼仔不仅活了下来，它们还找到了新家，与罗伯·扎米特博士以及他的妻子菲奥娜·费伦一起生活。扎米特夫妻都是澳大利亚的动物专家和电视节目主持人。拯救幼虎非常重要，因为当时，全世界孟加拉虎的数量不足1000只——今天，美国国家地理学会估计这个数字约为2500只——所以拯救每一只孟加拉虎的生命就意义巨大。

对幼虎的帮助不仅限于这家人，扎米特家的德国牧羊犬佩珀也热心地加入进来。

扎米特博士说："我们决定自己照顾它们、养育它们，佩珀也来帮忙，因为有很多事情要做。"

扎米特一家负责喂养，而佩珀是无法喂食的，但它在其他方面确实帮了大忙。

"佩珀一直在照看它们，它们在这里玩得很开心。"扎米特博士说，"佩珀承

担了小老虎父母应该做的许多日常工作，包括给小老虎洗澡和训练它们上厕所。”

据扎米特说，佩珀和小老虎喜欢在晚上放松地看一部好电影。它们最爱看的是什么？——《跳跳虎历险记》和《狮子王》。

小知识：在有能力自己生存之前，幼虎和母亲在一起生活的时间可长达3年。

斗牛犬和小松鼠

一天，在英格兰沃里克郡，莱斯利·克利夫斯出门去查看他的园子在经历昨晚恶劣的暴风雨后的情况。他种的花和蔬菜经受住了风吹雨打，但园子里的动物就没那么幸运了。在一片草地上，他发现了 3 只小松鼠，它们显然是在暴风雨中从树上掉下来后被妈妈遗弃了。

克利夫斯把小松鼠们带进屋里，开始找必要的材料和设备，用吸管挤出牛奶喂它们。但是当他告诉一位动物爱好者他的意图时，他被建议不要人工喂养，这位动物爱好者认为没有母亲小松鼠们不可能活下来。

克利夫斯不想放弃小松鼠，他有了一个主意。苏茜是家里的斗牛犬，最近生了 3 只小狗，这些小狗就要离开去新家。尽管克利夫斯很清楚狗喜欢追逐松鼠，但他还是决定冒险一试。

克利夫斯把小松鼠放在篮子里的苏茜旁边，退到一边站着观察。几分钟后，松鼠们开始吃奶，苏茜全心全意地接受了它们，就像对待刚生下的小狗一样。松鼠们待在小狗们离开的地方，看上去，它们好像从来没有离开过。

摄影师约翰·德赖斯代尔来到这里，打算记录这段不同寻常的养育关系。

当他架起相机，准备拍下篮子里的松鼠们，这时苏西突然注意到发生了什么，它冲过来保护它的新“幼崽”，在过了好长一段时间后，它才允许德赖斯代尔拍照。

小知识：据估计，80% 以上的斗牛犬妈妈都是通过剖宫产生产幼犬，因为斗牛犬的头骨较大。

猩猩和小狮子

在世界各地的动物园和野生动物保护区，狗常常用来帮助抚养被遗弃的狮子和老虎的幼仔。而在南卡罗来纳州的莫特尔滨海野生动物园，一只名叫哈拿马的3岁大的雄性猩猩，让人们对哪种动物能帮助安抚最需要食物和安慰的小动物产生了一些期待。

每当公园里有动物要生产时，一组动物学专家就会密切关注动物母亲和新生儿；当婴儿出生后开始了第一次呼吸，工作人员会将它们从母亲身边带走，他们认为这样可以增加它们在封闭环境中存活的概率。因此，当一对名叫斯库库扎和希姆的雄性狮子幼崽在野生动物园第一次遇到哈拿马时，这只猩猩径直走了过来，把它

们抱进了怀里。

“哈拿马非常聪明，它被请来帮忙照看狮子幼崽。”公园园长博加万·安特尔博士说，“哈拿马带着它们，看着它们玩，和它们一起跑来跑去，有时还会抱着它们。哈拿马会把它们搂在怀里，爱意满满。”

当谈到小狮子和其他幼崽时，安特尔补充说：“哈拿马的父亲角色会持续几个月，直到幼崽长得太大，它无法应付为止。它们不可避免地会分开，再过 6~8 个月，它们就会长得太大了，哈拿马那时就再也照顾不了它们了。”

那时，这只当过“爸爸”的猩猩将会找下一次机会，做需要父亲的新生儿的主要看护者。

小知识：猩猩主要生活在树上，它们的食物主要是水果，包括芒果和无花果。

小知识：虽然小丛猴的平均身高只有 15 厘米，但它们能跳 610 厘米高，部分原因是它们有强壮的后腿。

狒狒和小丛猴

肯尼亚内罗毕动物孤儿院的工作人员多年来目睹了源源不断的动物孤儿的到来。有些动物母亲抛弃了年幼的孩子，有些动物母亲不幸被杀害，这在非洲的丛林中是很常见的事情。

因此，当一个3个月大的丛猴—— 一种夜间活动的小型灵长类动物——来到动物孤儿院时，工作人员立即开始检查它的健康状况，给它喂食，并为它找个地方待着。

工作人员没想到的是，动物孤儿院的另一位居民，一只7个月大的黄色狒狒，突然冲了进来，开始像对待自己的孩子一样照顾这只小丛猴。动物园管理员给这只小丛猴取名叫加基。

“这是不正常的，”在动物孤儿院工作的爱德华·卡里乌基说，“这种情况在这里以前从来没有发生过，我想在其他地方也没有发生过。”

但这对狒狒和小丛猴来说并不重要。它们很少离开彼此，它们在同一个碗里喝牛奶，而且加基在狒狒身上爬上爬下。

黄色拉布拉多犬和小鸭

英国埃塞克斯郡斯坦斯特德的蒙特菲切特城堡，对人和动物来说都是一个非常特别的地方。这座城堡是一座国家历史遗迹，它不仅是一座重建的中世纪城堡和诺曼村，而且还是漫游在 0.04 平方公里土地上被遗弃而获救的动物的避难所。

负责人杰里米・戈德史密斯认为自己是城堡也是动物们的守护者，他已经准备好应对任何可能发生的事情。2012 年春天的一天，一只小鸭的妈妈被狐狸杀死了。从这个毛茸茸的小鸭出现的那一刻起，戈德史密斯的黄色拉布拉多犬弗雷德就开始帮助这只名叫丹尼斯的小鸭，让它从创伤中恢复过来。

戈德史密斯说：“当我们找到丹尼斯的时候，它非常虚弱。很明显，如果靠自己的话，它一天也活不下去。弗雷德一直很有爱心，它径直走过去，开始把小鸭舔干净。从那以后，丹尼斯就一直跟着弗雷德，弗雷德几乎完全收养了它。”

晚上，小鸭喜欢依偎在狗的身旁。它们一起玩耍，偶尔，弗雷德会陪着丹尼斯在城堡附近的池塘里滑翔，不过戈德史密斯承认，这只鸭子比它四条腿的养父游起来要灵活一些。

“我想如果没有弗雷德，这只小鸭不会活得这样快乐，”戈德史密斯说，“弗雷德充满爱的天性真的很重要。”

并不是每只狗都会如此欢迎有羽毛的动物。毕竟，一些拉布拉多犬是技艺高超的猎鸭者。弗雷德却不同，从它还是一只小狗起，它就习惯了周围有许多不同类型的动物。它还设法在城堡里帮助看护任何需要照料的动物。戈德史密斯说，不久前弗雷德曾帮忙照料过一头鹿。

戈德史密斯说：“小鸭丹尼斯非常喜欢弗雷德，所以我相信它会有一些犬科动物的特征，我估计它很快就会开始吠叫、追猫。”戈德史密斯认为，丹尼斯觉得弗雷德更像母亲，而不是父亲。“在这方面，我想弗雷德有点像现代的居家奶爸。”

小知识：鸭子在冷水中游泳没有问题，因为它们的脚既没有血管也没有神经。

母鸡和罗威纳幼犬

在英格兰什鲁斯伯里的一个农场，一只名叫梅布尔的母鸡回报了她的主人爱德华·塔特和罗斯·塔特。这只母鸡因为帮助养育农场里的其他动物，使自己免于成为桌上佳肴。具体来说，梅布尔帮助养育了 4 只刚出生的罗威纳幼犬，而它们的妈妈内特尔特别需要额外的帮助。

这一切是从鸡舍里有小鸡出生开始的。爱德华说这只母鸡本来的命运是落到别人家的盘子里，但在农场里与一匹马的一次相遇后改变了它的命运。这匹马踩了它的脚，造成了神经损伤，使它在冬天对寒冷特别敏感，因此这只叫梅布尔的母鸡被带进了屋里——大多数农民只给他们打算养作宠物的动物取名字，而不会给他们打算送到市场上的动物取名字。

主人家的狗内特尔最近生了一窝小狗，虽然它能照顾它们，比如喂奶和梳理毛发，但它似乎更想回到当妈妈前的日子：在农场里转转，看看有什么新鲜事。

每当内特尔和它的小狗们依偎在一起时，梅布尔就会聚精会神地盯着它们。但是当狗妈妈出去休息的时候，梅布尔看到了机会，它扑进了小狗们的篮子里，让它们暖和起来，也许事实上是小狗们帮着母鸡取暖。第一次发生这事的时候

全家人都很震惊——更不用说狗妈妈第一次回到家里，看到一只鸡坐在它的小狗上。但是大家都很快适应了这个局面：小狗、狗妈妈和母鸡。

“梅布尔喜欢狗狗们，就好像它们是它自己的孩子。”爱德华说，“狗妈妈虽然有点吃惊，但它最终并没有太在意。它很高兴有一双帮助它的翅膀。我们希望过不久梅布尔会有它自己的小鸡要照顾，但我不认为那时内特尔会有所回报。”

小知识：罗威纳犬是最古老的犬种之一，可以追溯到古罗马时期，不过它们最早在德国流行，在那里人们饲养它们是为了放牧和驱赶牛群。

吉娃娃和小狨猴

在英格兰诺福克郡塞特福德附近的一家小动物园里，一只名叫萨姆的吉娃娃无意间成为一只小狨猴的代理妈妈。这座动物园是基尔弗斯通庄园的一部分，在这里，督导劳德和雷迪·费雪进行了一项繁育计划，旨在拯救一些濒临灭绝的拉丁美洲动物。通常，他们让小狨猴出生在圈里，几只小狨猴互相斗来斗去，而对最小的狨猴不会有风险。吉娃娃萨姆每天会被叫来做服务工作，它带小狨猴到户外去晒太阳和运动，并且满足小狨猴喜欢依偎在一个更大的、温暖的、毛茸茸的动物身边

这种与生俱来的生理和心理需求。

对吉娃娃来说，这可不是简单的工作。小狗萨姆自己只有几斤重，所以虽然这只小狨猴体重可能只有 90 克，但对它来说仍然是个负担，更不用说小狨猴还紧紧地抱着自己。小狨猴锋利的爪子让萨姆感到不舒服。

幸亏，还有一只金毛寻回犬帮着扛小狨猴，萨姆作为后备，随时待命。这只金毛寻回犬还带着这只幸运的、受到良好照顾的小狨猴到处玩。

小知识：吉娃娃最初是被养来给人作伴的。它们体型轻小，与它们的个性相配——它们最喜欢的就是全天候与人类在一起。

孔雀和小鹅

孔雀妈妈可能以为它是坐在自己的蛋上，但最终它还是在一对鹅蛋上做窝。这对鹅蛋的主人卡罗琳•哈尔斯从朋友那里收到了这对鹅蛋，是给她做早餐用的。

“我们不知道鹅蛋是否受精，因为朋友是从商店购买的，所以想开个玩笑，我决定看看瓦朗蒂娜(母孔雀)会不会坐在它们上面。”哈尔斯说，并补充道，她一直想给她在英国斯托克布里奇的小旅馆的农场里添一只鹅。“鹅蛋太大了，我不知道它会不会坐在上面，但它坐了31天，然后这个黄色的小东西出来了。”

结果是，其中一个鹅蛋未受精，而另一个被孵化出来。如果瓦朗蒂娜怀疑有什么不对劲，它就不会坚持下去，因为在教给小鹅如何在花园里捉虫子以前，它花去好多天孵育这只相当大的蛋。

“瓦朗蒂娜是个了不起的妈妈，很会保护孩子，”哈尔斯说，“瓦朗蒂娜带着小鹅到处走，给它看该吃什么，甚至在晚上把它放到床上。当我试图拿起小鹅时，瓦朗蒂娜甚至要攻击我。”

“它已经有两年没有自己的小孔雀了，所以今年能有一只小鹅对它来说真是

太好了。我确实认为瓦朗蒂娜会教鹅飞翔，但看看鹅是学做鹅还是做孔雀将会很有趣。”

小知识：鹅是很好的看门狗，因为它们往往会对任何一个疑似侵犯它们空间的人或东西狂叫不止。它们攻击时发出嘶嘶声，低下头使其与地面平行，然后向冒犯者冲过去。

拉布拉多犬和侏儒河马、小老虎、豪猪，还有……

前面的故事中，有一位英国的格力犬茉莉，它帮助养育过许多不同种类的动物宝宝。和茉莉一样，莉莎是另一位狗妈妈，它从小就开始帮助照料其他动物。

莉莎是一只拉布拉多犬，它和主人纳丁、罗伯·霍尔一起生活在南非的奥茨颂。到10岁的时候，这只狗已经帮助抚养了30多只各种各样的小动物，从幼虎到侏儒河马，甚至是豪猪。霍尔一家经营着坎戈野生动物牧场，这是一个颇受欢迎的旅游景点，部分原因是游客可以与动物互动，而且游客们注意到，当霍尔家人或工作人员带来一只失去父母的动物时，莉莎都会过来帮忙。

纳丁说："如果莉莎看到有人把动物装在盒子里带来，它就会认为这只动物是需要照顾的。它会径直走过去，舔这个小动物。"

虽然莉莎从未有过自己的孩子，但这并没有抑制它的母性本能。事实上，即使是那些产仔数量高的动物母亲，有时也会犹豫是否要养育另一种动物的孩子。纳丁说："动物们更容易适应莉莎，当动物们看到莉莎信任我们时，它们在

我们身边就更自在。”

莉莎不仅帮助抚养从牧场外带来的孤儿动物和被遗弃的小动物，还帮助照顾那些在坎戈牧场出生但由于各种原因被母亲遗弃的小动物。农场里出生的大多数小动物在出生几天后就和人类有了很多互动。事实上，如果没有动物母亲的引导，它们会与人类相处得过于舒服，常常开始模仿人类的行为模式。它们肯定需要动物世界的一些指导，这就是莉莎的作用。它帮助每个动物宝宝保持天生的动物本能，并教它们如何像动物一样生活。

霍尔一家把莉莎从一只小狗养大。他们一直惊叹于莉莎的母性本能，无论动物的品种、大小。纳丁说：“我们很早就注意到，莉莎根本不在乎它照顾的是猫还是豪猪。它舔它们，照顾它们，就像母亲一样。当它照顾豪猪时，那情景就更有趣了。”

小知识：美国养犬俱乐部连续20多年评选拉布拉多犬为美国最受欢迎的品种。

小知识：橙色虎斑猫更有可能是雄性而不是雌性，雄雌比例大约是 4:1。

虎斑猫和狮子幼崽

2008 年春天，在英国剑桥郡林顿动物园，一只名叫萨芬娜的母狮产下了一只名叫扎拉的小狮子，当时人们还不清楚这只小狮子能否活下来。

“我们只在绝对必要的情况下人工喂养刚出生的小动物。这是萨芬娜的第一个孩子，它由于年轻和缺乏经验，不能喂狮子宝宝。”动物园园长金・西蒙斯说。她用奶瓶喂养小狮崽，而她的雄性橙色虎斑猫阿尼，忙着和小狮崽蹭鼻子、拥抱，教它一些家规，以及与另一个物种——猫——如何打交道。

扎拉只和它的代理猫爸爸待了 6 个星期——在这段时间里，它的体重从 900 克增到了 4500 克——但阿尼和西蒙斯都非常不愿意看到这只小狮子离开。“阿尼喜欢在家里养小动物，”动物园园长说，“只要扎拉去了一个有良好生活质量的家庭，我就必须开心，但我发现和它分手是一件很难的事。”

扎拉的新家在乌干达，它将住在乌干达野生动物教育中心，这是恩德培市的一个康复和保护中心，在那里它可以和各种猫科动物和睦相处。

小知识：20 世纪 20 年代中期，一只名叫八公的秋田犬在东京火车站遇见了它的主人。之后的每天，八公早上将主人送到火车站，傍晚等待主人一起回家。不幸的是，它的主人辞世，八公在之后的 9 年时间里依然每天按时在车站等待它的主人，直到 1935 年去世。

秋田犬和小狮子

1998 年，在苏格兰格拉斯哥动物园，该动物园 60 年历史上第一只亚洲狮，一只名叫山姆的狮子幼崽，被饲养员介绍给一只名叫科内科的成年秋田犬。饲养员们了解到非洲的自然保护区和野生动物康复中心做过这样的撮合，但是他们以前没有进行过这种看起来很大胆也可能很危险的尝试。

与其他救援组织一样，他们也有自己特有的一些经历，那就是目睹了狮子和老虎幼仔失去双亲、被遗弃或被母亲抛弃，他们迫切希望找到一种替代的奶瓶喂养方案，可以连续几周每两个小时用奶瓶喂一次幼仔。

因此，他们决定测试秋田犬—— 一种以忠诚闻名，但又常常拥有极其独立个性的日本狗。1998 年初，他们将秋田犬科内科和小狮子山姆配对。这是天作之合：它们从一开始就结下了不解之缘。

一年后，它们被转移到英国的达德利动物园，亲密关系继续发展。但很快，它们俩都有了迁往绿色草原的机会。山姆去了瑞典的帕肯动物园，在那里媒人把它和 18 个月大的雌狮萨里亚撮合在一起；而科内科则被英国的一个家庭收养。

兔子和小猫

自从梅兰妮·汉博在苏格兰阿伯丁的一家兽医院工作以来，她已经习惯了看到各种各样流浪的和不受欢迎的动物被送进医院。她尽最大努力使它们恢复健康，必要时还为它们找个好的人家。

2007 年秋天，当她同意收养一窝被母亲遗弃的 5 周大的小猫时，她认为她的猫艾莉会热心地帮助照顾这些小猫咪。但事实证明，她养的母兔夏天跑来帮着抚养这些小猫，而艾莉基本上不理睬它们。

夏天原本是一只在户外活动的兔子，但是有一天晚上，当附近举行烟花表演时，汉博把它带到了房子里。而这时她正好把小猫带回家。尽管她一开始担心兔子会如何看待小猫——反之亦然——但从一开始，双方都非常默契，这只户外的兔子变成了一个宅在家里的代理妈妈。

汉博负责喂养这些小猫，每隔几个小时就用注射器给它们喂食，她认为这是一份“全职工作”。而母兔夏天则拥抱、照料这些小猫。“它们认为夏天是它

们的妈妈，”汉博说，“这只大兔子只是很开心地坐在那里，让小猫们在它身上爬上爬下。看到它们快乐地在一起真是太好了。”

小知识：家养的兔子可以活到 12 岁。

指示犬和美洲狮幼崽

雷·格雷厄姆·琼斯在英国达文特里附近经营着一家小型野生动物园。一天晚上，一只美洲狮幼崽离开了它的母亲到处游荡，一直到第二天早晨才呼救。动物园的工作人员找到了这只小美洲狮，并立即把它送回到它的妈妈那儿。不幸的是，美洲狮妈妈一再拒绝这只小美洲狮，不让它靠近吃奶。很可能在出走后，这只小美洲狮闻起来不一样了。

格雷厄姆知道他必须立即行动。小美洲狮实际上必须昼夜不停地喂哺，而它距上次进食已经过去了几个小时。动物园管理员很快就做好了一种合适的配方奶，并试图喂给小美洲狮，但它拒绝吞咽。

无奈中，格雷厄姆希望能找到一只狗养育小美洲狮，他联系了一个邻居，这个邻居恰好养了一只狗。令人高兴的是，这只名叫朱迪的指示犬刚生了一窝小狗崽。因此，动物园管理员带着那只小美洲狮来到邻居家——小美洲狮现在名叫卢佩，把它放到小狗们的身旁。如果朱迪介意，它就不会搭理小美洲狮，实际上朱迪毫不犹豫地把小美洲抱过来拍了拍。

对卢佩来说，它似乎没有注意到任何问题，它用鼻子蹭着它的代理狗妈妈，

和它的狗兄弟姐妹们玩耍，甚至开始舔朱迪，抚摸它，就好像朱迪是它的亲生母亲一样。经过几周的喂养，格雷厄姆开始逐渐给卢佩断奶，先是喂它几把狗粮，然后改为美洲狮的常规菜单——肉类和家禽。重要的是，幼小的卢佩在最需要妈妈时朱迪帮助了它。

小知识：美洲狮是最大的美洲金猫属动物，也称山狮、美洲金猫、扑马。

猪和小羊

埃德加·艾伦猪是埃德加使命动物保护农场的同名动物。该动物保护农场位于澳大利亚维多利亚州，占地 24 万平方米。创始人帕姆·埃亨专注于拯救饲养家畜，使这些动物免于被送上餐桌。

这一切都始于一头叫作埃德加的猪。在电影《宝贝》(*Babe*) 里扮演农民的演员詹姆斯·克伦威尔，2003 年来到维多利亚，他想和猪拍张照片，来提醒人们农场动物的境况，特别是工厂化农场里的猪。埃亨在当地农场买来一头猪，克伦威尔与这头猪合影留念。埃亨计划第二天把这头后来叫作埃德加的猪送到保护农场，在那里它可以过上自然世界的生活。

可是第二天早上，埃亨既不能把埃德加送到保护农场，也不能把它送回原来它待过的当地农场。于是，她决定开始致力于饲养家畜的拯救行动。

自那以后，在来到埃亨农场的 7 年中，埃德加无数次地帮助抚育各种各样的动物，充当它们的代理父亲。此外，它还以四条腿使者的身份在澳大利亚家喻户晓，以引起人们对工厂化农场养殖这一问题的关注；毕竟，很多澳大利亚人第一次看到一头猪被拴着皮带走路，埃亨以这种方式将埃德加带入了公众视野。

埃德加还担任动物欢迎会主席，数百只失去父母和被遗弃的羊羔、鸡、山羊还有其他谷仓动物，定期出现在动物保护农场；平常有大约250只住在那里。埃德加和一只名叫阿尼的刚出生一周的小羊羔有一种特殊的关系，当阿尼第一次出现在动物保护农场时，埃德加就一直护着它。

埃德加证明了猪确实可以成为很好的代理父亲以及代理母亲。尽管埃德加在2010年去世，但它的传奇故事仍然在澳大利亚和世界各地引起共鸣。

小知识：猪经过训练可以嗅出松露，一种生长在森林中的美食，也可以嗅出炸弹和地雷。

大丹犬和小黑猩猩

为动物设立保护区，可能会面临很多挑战，要做一份永无止境、需要24小时投入的工作。1963年，莫莉·巴德汉姆和纳萨莉·埃文斯在英国沃里克郡为猴子和黑猩猩建立了一个保护区。当时，他们几乎没有想到将面临怎样的挑战。他们一直坚持了下来，今天它已经发展成为国际著名的特怀克罗斯动物园，是世界上最大的灵长类动物园。

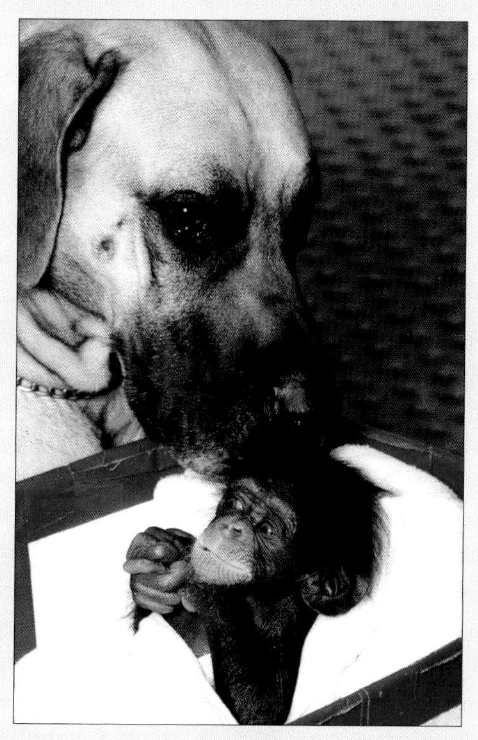

与此同时，他们根本没有想到，在他们拯救幼小的黑猩猩和猴子的工作中，最大的贡献者之一会是一群狗，这些狗扮演着各种角色，从保姆到玩伴，甚至代理母亲。

巴德汉姆和埃文斯把狗召来服役，从法国斗牛犬到各种杂牌狗。他们特别喜欢大丹犬温顺的天性。“大丹犬对所有的动物孤儿都表现出同样的关爱态度，当遭到厚脸皮的小动物折磨和戏弄时，表现出难以置信的宽容。”莫莉·巴德汉姆在她的《莫莉的动物园》(*Molly's Zoo*) 一书中写到。

巴德汉姆最喜欢一只名叫煤莉的狗——它以前的主人是个送煤的。当巴德汉姆第一次见到这只狗时，差点没要它而选择另一只狗，因为她认为它太壮了不好管理。然而，煤莉几乎是拖着保护区的志愿者一路走向他们。“它走到我们面前，用它那双又大又悲伤的眼睛看着我们，好像在恳求我们给它一个机会，我让步了。它很瘦，显然一直在狗舍里烦躁不安。”

巴德汉姆没有必要担心：煤莉是最好的代父犬之一。煤莉特别喜欢一只叫明妮的小黑猩猩。“我们把黑猩猩们养在家里，煤莉很喜欢它们，”巴德汉姆说，“煤莉会和它们摔跤，会追着它们跑，即使它们捉弄它，它也从不生气。它会让它们逍遥法外。”

小知识：大丹犬是世界上体型最大的犬种之一。雄性体重可以很容易地达到 90 千克。大丹犬用后腿站立时，身高可达 1.8 米，甚至超过人类。

玳瑁猫和小罗威纳犬

2007 年的一天，在英国的诺福克，一只名叫斯凯的猫生了 4 只小猫。斯凯是一只玳瑁猫，一种混血猫，皮毛颜色斑驳，通常是棕色、橙色、黑色，很少——如果有的话——是白色。这只玳瑁猫的主人大卫·佩奇是一位动物爱好者，他每天都会去看几次母猫和小猫，以确保一切正常。几天后，一只名叫罗克西的罗威纳犬在附近生下了 6 只小狗。罗克西不像斯凯那样很高兴地接受了母亲的身份，它拒绝喂养这些小狗，佩奇认为这是因为罗克西产后压力很大。于是他把小狗抱到当地的兽医那里，兽医给它们做了检查，并给它们注射了抗生素。

不幸的是，当佩奇发现这些小狗的时候，它们的身体状况非常糟糕，其中两只

幼崽死于肺炎。他觉得这时唯一能做的就是看看斯凯是否愿意帮忙。

他说："我非常轻柔地把 4 只小狗放在盒子里，它们当时还活着，一个接一个地放在斯凯的小猫旁边，只是想看看发生了什么。它们立刻依偎在斯凯的怀里。"

后来小狗们做的不只是依偎着斯凯取暖：它们实际上开始吃奶，猫妈妈不仅接受了，而且全心全意地照顾它们。

小知识：玳瑁猫很少是雄性的。

佩奇说："斯凯那么喜欢这些小狗，真是太不可思议了。它有一种可爱、温柔的天性，对待它们就像它自己的小猫。这是一个幸福的大家庭。"